Hans-J. Tanck

Wetter und Wolken an der Küste und über See

Husum

Fotos: Dr. Friedrich Krügler, Hamburg-Blankenese

Zeichnungen: Verfasser

Die Deutsche Bibliothek – CIP-Einheitsaufnahme

Tanck, Hans-Joachim:
Wetter und Wolken an der Küste und über See / Hans-J. Tanck.
– Husum : Husum Druck- und Verlagsges., 1993
   ISBN 3-88042-602-3

© 1993 by Husum Druck- und Verlagsgesellschaft mbH u. Co. KG,
   Husum
Satz: Fotosatz Husum GmbH
Druck und Verarbeitung: Husum Druck- und Verlagsgesellschaft
Postfach 1480, D-25804 Husum
ISBN 3-88042-602-3

Grundsatz

Wenn man das Wetter an unseren Küsten verstehen will, so sind zwei grundsätzliche Feststellungen zu treffen:
1. Das Wetter auf der offenen See ist gegenläufig zu dem über dem Binnenland. Das bedeutet:
Über Land sind Regenschauer und Gewitter Merkmale der Sommertage.
Über See sind sie Merkmale der Winternächte. An der Atlantikküste Schottlands toben schwere Gewitter im Dezember und Januar.
Über Land zeichnen sich die Herbsttage durch Nebel aus, über See sind es die Frühsommertage.
2. Das Binnenland hat ein kontinentales Klima. Sommer und Winter sind die Hauptjahreszeiten. Das Küstenland hat ein seebestimmtes Klima, ein maritimes. Die sogenannten Übergangsjahreszeiten werden hier zu Hauptjahreszeiten: Frühling und Herbst.
Im Sommer liefert die See ihr Wärmemaximum erst Ende August und beschert den Küstenbewohnern einen angenehmen Herbst. Nicht von ungefähr besingt Theodor Storm den goldenen Oktober.

Kalte See, trockenes Land

Nach der Wasseroberflächentemperatur richtet sich das Wetter. Eine kalte See verdunstet weniger Wasser in die Luft als eine warme See. Zur Verdunstung des Wassers muß Wärme aufgewendet werden.
Die Folge für die küstennahen Landstriche ist, daß das Frühjahr die trockenste Jahreszeit ist und der August der niederschlagsreichste Monat. Nach See zu verschieben sich die Monate maximalen Niederschlags auf den Oktober für die mittlere Nordsee und gar auf den Dezember an der ganzen Atlantikküste Europas. Das reicht von Norwegen über die Britischen Inseln, die Küste Westfrankreichs entlang bis hinunter zur portugiesischen Küste. Der Regenreichtum ist dabei keineswegs ein Indiz für tagelang trübes Wetter. Im Extrem erkennen wir das an Hawaii. Dort fallen im Jahr 16 m Niederschlag, im Vergleich dazu bei uns 0,7 m. In Grönland fallen nur 0,25 m Niederschlag das ganze Jahr über.
Man erkennt daraus die Auswirkung warmen und kalten Untergrunds für die Wassermenge, die der Luft durch Verdunstung zur Verfügung gestellt wird. Hawaii hat eigentlich nur ein knappes halbes Jahr seine enormen Niederschläge. Die fallen als Schauer. So ist es auch an der Nordseeküste. Im regenreichen Monat fallen, wie überall, die Niederschläge als Schauer.
An der Nordseeküste treten im August die Schauer vorzugsweise nachts auf. Das gilt noch mehr für die freie See. In allen Klimazonen sind Schauerniederschläge über See des Nachts.
Umseitiges Bild (Seite 9 oben) wurde über See am Abend aufgenommen, als Schauer sich zu entwickeln begannen.
Die Europakarte (Seite 11) gibt die Verteilung der Hauptregenmonate, d. s. immer die Monate mit Schauerregen, im Ablauf des Jahres wieder.
Das kontinentale Land hat seine Niederschläge im Frühjahr und bei Tage. Die maritime See hat ihre Niederschläge im Herbst und bei Nacht.
Deswegen ist es nicht etwa Prahlerei, wenn der Tourist, der von Sylt aus seinem Urlaub zurückkehrt, von dem sonnigen Sommerwetter schwärmt, das ihm dort begegnete, sein Arbeitskollege aber das verregnete Sommerwetter beklagt, das er vielleicht an Schleswig-Holsteins Ostküste antraf.
Schaut man die Statistik des Sommerregens quer über unsere Halbinsel an, so kann man an den Aufzeichnungen der Klimastationen Sylt–Husum–Viöl–Schleswig bereits bemerken, daß jede ostwärtige Station mehr Regen bekommen hat als die jeweils westliche. Die Zeichnungen auf Seite 13 zeigen die Regenverteilungen über Schleswig-Holstein und den angrenzenden Meeren.
An schönen Sommertagen, wenn die Einstrahlung wirksam wird, erwärmt sie das Land stärker als die See. Die Erhöhung der Wassertemperatur ist deutlich schwächer als die des Landes. Dazu hinkt die Tagesmaximumtempera-

Ein Regenbogen zu den letzten Schauern der vorangegangenen Nacht

Schauerwolken über dem Wasser

Blick von der Küste zurück aufs Land

tur des Wassers zeitlich hinter der des Landes hinterher. Nachmittags zwischen 15 und 18 Uhr Sommerzeit ist das Wasser im Tagesverlauf am wärmsten. Der Badende an der Nordseeküste hat damit Erfahrung. Außerdem ergibt sich eine optimale Badetemperatur, wenn der Wind das Wasser an der flachen Küste festhält und das Wasser nicht zur freien See zurücklaufen läßt. Das gilt erst recht für schlickige Wattenlandschaften.

Diese Bedingung verlangt demnach einen Wind von See auf Land. Das ist der Seewind, der sich bei Tage einstellt. An Schleswig-Holsteins Westküste ist er just dann am besten ausgebildet, wenn das Wattenmeer die höchste Tagestemperatur erreicht hat.

Weil wir an unseren Küsten vorzugsweise Westwind und den sogar im Sommer häufiger als im Winter haben, wird die Seeluft über Schleswig-Holstein von der Nordsee zur Ostsee herübergetrieben. Über Land erwärmt sich die Luft soweit, daß sie kräftige Quellwolken bildet. Diese bekommen damit ihre höchste Entwicklung gerade dann, wenn sie die Ostseeküste erreicht haben. Denn bis dann waren sie am längsten dem strahlungserwärmten Untergrund ausgesetzt. Darum fällt, je weiter ostwärts des Landes, umso mehr Schauerregen.

In den östlichen Landesteilen ist es am Tage im Sommer immer bewölkter als in Nähe der Nordseeküste.

An der Ostseeküste ist derselbe Westwind natürlich ablandig. Er führt damit küstennahes wärmeres Wasser hinaus auf die Ostsee. Der Badende findet zwar spiegelglattes, ruhiges Wasser unmittelbar an der Küste vor im Schutze einer viel steileren Küste als an der Nordsee. Das Wasser ist in seiner Temperaturverteilung zur Tiefe hin aber stark ausgeschichtet. Beim Schwimmen hängen die Beine in 2 Grad bis 3 Grad C kälterem Wasser als der Oberkörper an der Wasseroberfläche (siehe Zeichnung auf Seite 12).

Die Strahlungserwärmung ist über Land stärker als über See. Das Wasser braucht nämlich fünfmal mehr Strahlungsenergie, um sich auf die gleiche Temperatur wie das Land zu erwärmen. Das ist die Folge der unterschiedlichen Wärmekapazität der beiden Medien Wasser und Erde.

Die gleiche Erwärmung wie das Land schafft die See schon deswegen nicht, weil der Wind das Wasser fortwährend durchmischt. Die Erwärmung der Wasseroberfläche wird durch Windturbulenz in tiefere Wasserschichten gefördert.

Im Jahresmittel hat die Nordsee mehr Starkwinde als die Ostsee. Sie ist aber bemerkenswert flacher.

Die Tiefe der Nordsee beträgt im Mittel 30–60 m. Die Ostsee hat weiter im Osten sogar Tiefen von 400 m, sogar z. T. darunter. Der Boden ist dort steinig, bekanntlich sind granitene Schären eingestreut. Die Nordsee dagegen ist schlickig und kalkig von den großen Zuströmen Europas und der Alpen.

10

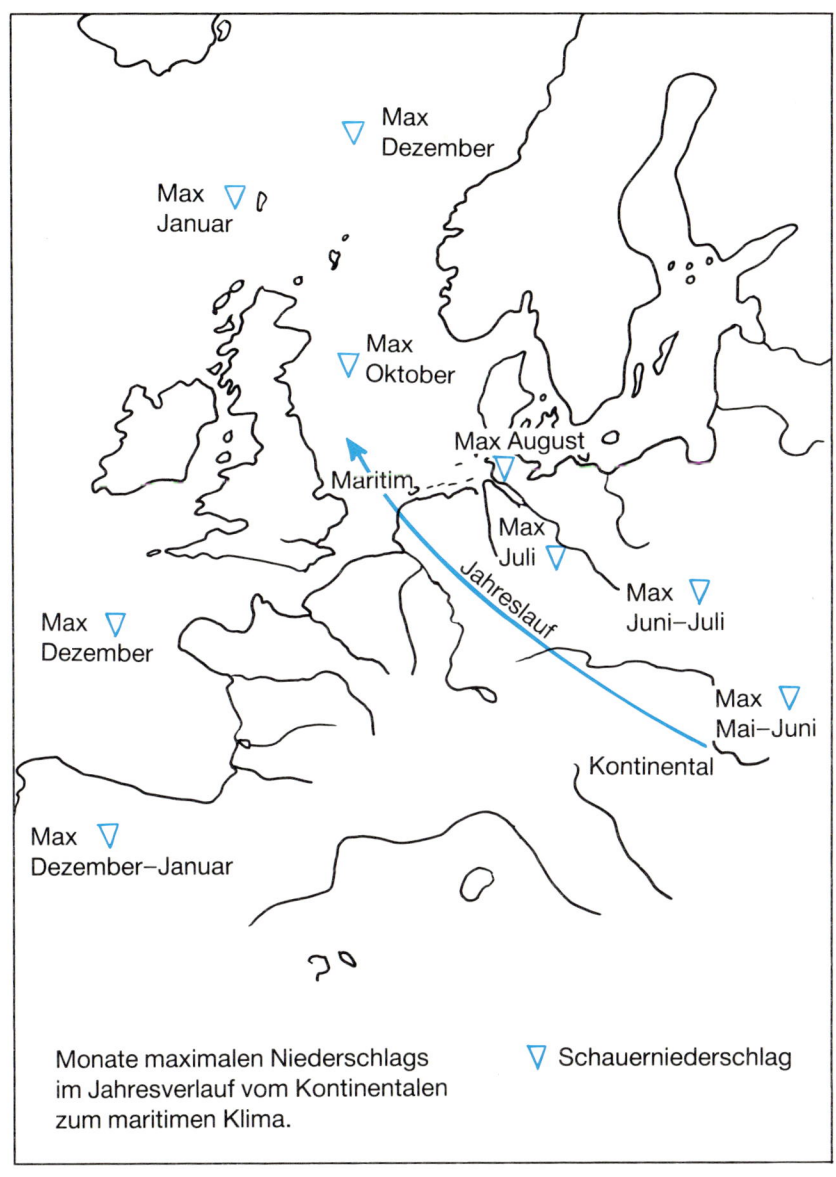

Europakarte der Niederschlagsverteilung im Verlauf des Jahres

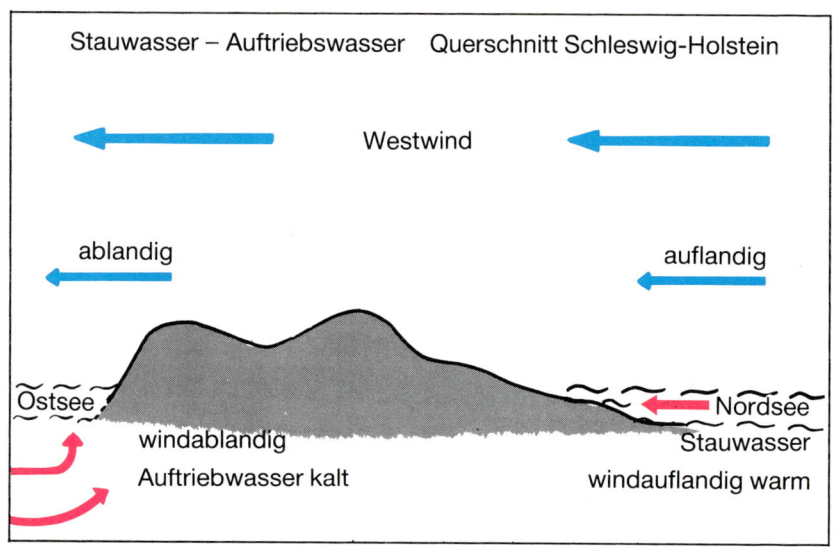

Die Wirkung des bei uns im Sommer vorherrschenden Westwinds mit Stau-
wasser an Schleswig-Holsteins Westküste und Auftriebwasser an der Ostküste.

Land wird also schneller erwärmt, aber oberflächlich. Nur Leitung bringt die
Oberflächenwärme in die Tiefe.
Mit den Ausführungen bis hierher ist einzusehen, daß das Wetter an der
Westküste Schleswig-Holsteins und seiner Nordfriesischen Inseln so ganz
den Gewohnheiten des Badegastes entspricht. Es findet dort im Sommer
das schlechte Wetter nachts statt, mehr zur zweiten Nachthälfte hin, eine Ta-
gesperiode, in welcher üblicherweise die meisten Badegäste schlafen. Wenn
sie die Abende feierndeweise bis in die erste Nachthälfte verlängert haben,
pflegen sie ihr Bett auch nicht gerade am frühen Vormittag zu verlassen.
Am Tage bilden sich Wolken und Schauer nicht mehr über See. Die Nacht-
wolken über See hat der Badegast verschlafen.
In den Vormittagsstunden steht für die schleswig-holsteinische Westküste
die Sonne im Ostsektor des Himmels, also über Land. Jetzt kann die Sonnen-
scheindauer noch durch Wolken über Land unterbrochen werden, solange
die Sonne ihre Mittagsposition noch nicht erreicht hat. Der Küstenverlauf der
Westküste ist so nord-südlich ausgerichtet, daß er so gut wie parallel mit
dem 7. Grad Ost, geographischem Längengrad, verläuft.

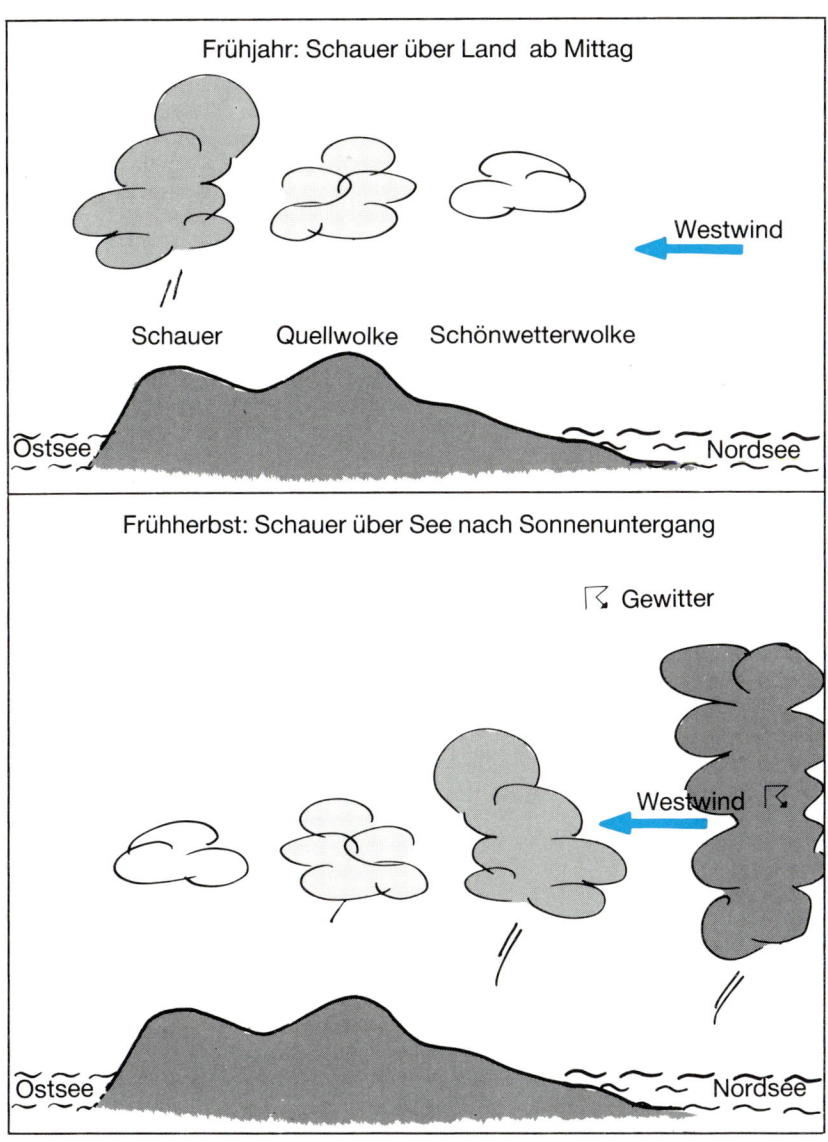

Schauerwolkenbildung im Frühsommer und im Spätsommer

13

Im Tagesverlauf wird ab Mittag diese Linie von der Sonne westwärts durchschritten. (Bei Sommerzeit übrigens erst 13.32 Uhr, denn die Sommerzeit ist eine Stunde vor der mitteleuropäischen. Für die mitteleuropäische Zeit gilt der 15. Längengrad Ost als Ortszeit. Dagegen sind für 7 Grad Ost 8 geographische Längengrade Differenz. Weil die Sonne den Abstand eines Längengrades in 4 Minuten überläuft, braucht sie demnach noch 32 Minuten, um von der Mittags-Ortszeit des 15. östlichen Längengrads zur Mittags-Ortszeit des 7. östlichen Längengrads zu gelangen.)

Von da an steht die Sonne im westlichen Halbraum des Himmels, und das ist über der freien, wolkenarmen See. Die Nachmittagsstunden sind über den sommerlichen Nordfriesischen Inseln sonnenreich, der Badende kann sich braun brennen lassen.

Landwirtschaft und Seeklima

Wir kommen noch einmal auf die oben eingeführte Europakarte mit der Niederschlagsverteilung im Ablauf des Jahres zurück.

Unterstellt man, daß eine Landwirtschaft mit Getreideanbau feuchtereiche Wachstumsmonate der Pflanzen braucht und feuchtearme Reifemonate, so wird fraglich, ob unser Bild der trockenen Frühjahre und feuchten Spätsommer des schleswig-holsteinischen Klimas zu diesen agronomischen Forderungen paßt.

Die Feldfrucht muß im Frühjahr und Frühsommer wachsen. Für Wintergetreide war in der Aussaat zwar unser Klima günstig, denn schwere Frostperioden sind kaum zu fürchten. Kontinentale Landstriche wie Rußland können sich kaum eine Wintersaat erlauben. Ihr Klima verkürzt die Lebenszeit der Feldfrucht erheblich. Aber unser maritimes Klima erreicht nicht die Reifequalität der kontinentalen Feldfrüchte.

Es ist einzusehen, warum heutzutage Frankreich der beste Weizenlieferant Europas ist. Für Südfrankreich südlich des Loire-Bogens entfallen schwere, frostreiche Winterperioden. Wintersaat ist anbaufähig. Die Frühjahre und Frühsommer sind dort niederschlagsreich. Die Pflanzen wachsen bei vorteilhaften Temperaturen. Nach Johanni beginnt die niederschlagsarme, sonnenreiche Zeit. Also gelangt das Getreide dort zu hochqualitativer Reife.

Das ökonomische Schwergewicht unserer Küstengebiete kann demnach nicht auf Feldanbau liegen. Aber ähnlich wie die grüne Insel Irland, die atlantisch-maritime, zeichnet sich Weidefläche als ökonomisch gut verwertbar aus. Weideland braucht immer Nässe, wenig Trockenheit, keine langen Winter-Frostperioden. Diesen Bedingungen kommt das Klima unseres Landstriches sicher noch am nächsten.

So hat die Zucht des schwarzbunten Tieflandrindes an unseren Küsten, was gerade die Milcherträge anbelangt, eine weltanerkannte Spitzenposition erreicht.

Die Gleichmäßigkeit des maritimen Temperaturverlaufs über das Jahr kennzeichnet die Ausgeglichenheit unseres maritimen Klimas.

Während das kontinentale Klima noch eine extreme Temperaturgegensätzlichkeit von 60 Grad C zwischen Sommer und Winter bewirkt, ist das maritime Klima so viel mäßiger, daß dieser Unterschied nur mehr 25 Grad C beträgt. Ausgeglichenheit ist das Wesen der Maritimität. In Teneriffa schrumpft die Temperaturdifferenz zwischen mittlerer Sommer- und Wintertemperatur auf 6 Grad C!

Auf Seite 16 und 17 sieht man Bilder einer ruhigen See in beginnenden Herbsttagen, wenn sich der Sommer auch an Land milde verabschiedet.

Glattwasser und Wolken am Abend nach einem trüben Tag führt zu dem bekannten Sprichwort: Abendrod god Wedderbod.

*Eine Abendstimmung nach längerem Regen an der Küste. Die Sonne über-
zieht die Wolkenlandschaft mit Regenbogenfarben. Ihr gelb-weißes Tages-
licht löst sich bei tiefem Sonnenstand in ein Prismaspektrum auf.*

Gewitter über See und an der Küste

Kommen wir auf die Nachtgewohnheiten der See zurück:
Die Bauern an der Westküste Schleswig-Holsteins brauchen keine Hagelversicherung. Das ist erst wieder im äußersten Südosten des Landes erforderlich, wo schon etwas mehr Kontinentalität zu spüren ist. Gewitter des Frühsommers sind ein kontinentales Merkmal.
So treten frühsommerliche Gewitter am liebsten im tiefen Binnenland auf. Gelegentlich berühren sie den Südosten der cimbrischen oder jütischen Halbinsel, wie das Land zwischen den beiden Meeren auch genannt wird. Wegen der Frühsommerzeit ist die höhere Atmosphäre auch noch kalt. Die höhere Atmosphäre hat dieses Nachhinken in der Jahreszeit bezüglich ihrer Temperatur mit dem Meer gemeinsam. Daher ist auch das Hochgebirge noch bis Pfingsten kalt. Zu Ostern treffen Skifahrer in den Alpen häufig bessere Schneebedingungen an als zu Weihnachten. Wenn die höhere Atmosphäre im Frühsommer noch so kalt ist, dann dehnen sich die Gewittertürme weit bis in die Eisregion in die Höhe aus. Der Niederschlag aus solchen Frühgewittern kommt als Hagel bis zur Erde, denn der Weg von der niedrigen Nullgradgrenze bis zur Erde ist nicht weit. Weil das Land sich in der Tagesstrahlung des Frühsommers so rasch erwärmen konnte, wuchsen die Gewitter dort auf. Über See fehlt aber im Frühsommer die Tageserwärmung des Wassers bis zur Auslösung von Gewitterwolken. Deshalb hat die See keine frühsommerlichen Gewitter.
Es gibt hier keine Frühgewitter, die Hagelschaden anrichten können.
Spätgewitter haben eine hohe Nullgradgrenze. Eisniederschlag, der dort gebildet wird, hat einen langen Weg bis zum Erdboden oder bis zur Normalniveauhöhe – anders natürlich als im Hochgebirge. Außerdem bilden sich Spätgewitter vorzüglich über der warmen Seeoberfläche. Die Seeoberfläche ist im August über unseren angrenzenden Meeren am wärmsten. Sie verdunstet deswegen auch sehr viel mehr Wasser in die Atmosphäre als beispielsweise in den frühen Frühlingsmonaten.
Auch in großer Höhe unterstützt der nächtliche Temperaturverlauf der Ausstrahlung die Bildung von Nachtgewittern über See. Denn dort oben wird während der länger werdenden Nächte schon viel Wärme durch Ausstrahlung an den Weltenraum abgegeben. Während also die Seeoberfläche die warme Nachttemperatur unten festhält, kühlt in großer Höhe wegen der großen Luftfeuchtigkeit dort die Luft nachts aus. Solches vertikale Temperaturverhalten führt zu schweren Nachtgewittern. Die Nullgradgrenze ist immer noch 3000 m hoch. Der Weg von da bis zur Seeoberfläche ist zu lang, um Eiskörner noch als Hagel unten ankommen zu lassen.
Im August ist das meiste Getreide schon abgeerntet. Auch schwere Regentropfen können keine Halme mehr knicken.

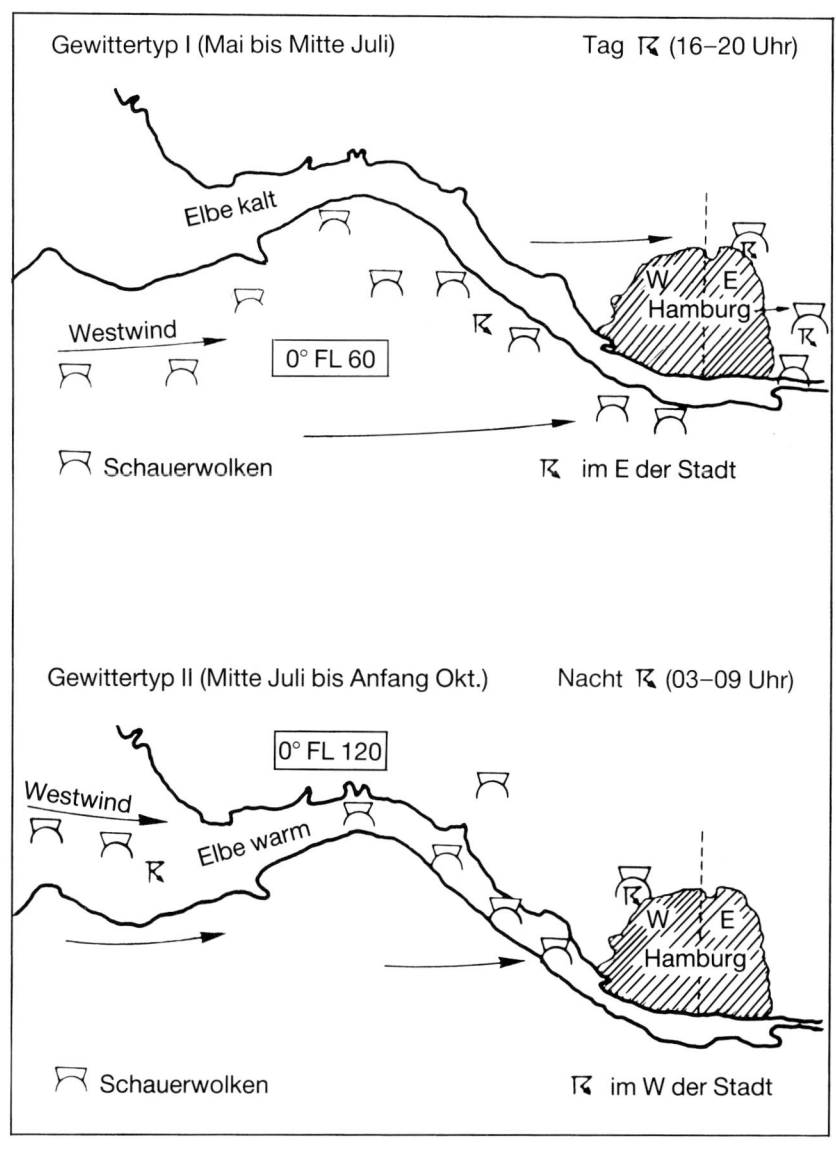

Gewittertyp I (Mai bis Mitte Juli)   Tag ⚡ (16–20 Uhr)

Elbe kalt

Westwind

0° FL 60

⚖ Schauerwolken   ⚡ im E der Stadt

W E Hamburg

Gewittertyp II (Mitte Juli bis Anfang Okt.)   Nacht ⚡ (03–09 Uhr)

0° FL 120

Westwind

Elbe warm

⚖ Schauerwolken   ⚡ im W der Stadt

W E Hamburg

Geographie um Hamburg und die Niederelbe. Die Gewittertürme sind hinein-skizziert.

19

Am Beispiel Hamburg läßt sich übrigens die Verschiedenheit der Frühsommer- und Spätsommergewitter sehr schön darstellen. Die beiden Skizzen auf Seite 19 zeigen anschaulich, wie der Unterschied physikalisch begründet ist. Frühsommergewitter kommen nachmittags von Land, übersteigen die Elbe nahe Lauenburg und ziehen sich dann an den Ostteil der Stadt heran, wo sie beträchtlichen Schaden bewirken können.

Im Spätsommer kommen in der zweiten Nachthälfte die Gewitter die Niederelbe bis zu den Westteilen Hamburgs herauf. Die Leute behaupten, immer wenn Flut ist. Vielleicht stimmt's, weil die Elbe dann das ganze Flußbett mit Wasser ausgefüllt hat. Leute im Ostteil Hamburgs merken nichts vom Frühgewitter über Blankenese. Seegewitter sind also Nachtgewitter. Dem Menschen sind sie schon deswegen unheimlich. Hier ist die Bedeutung des Wortes „unheimlich" endlich einmal passend angebracht. In der Marsch gibt es noch viele schöne, alte, strohgedeckte Häuser. Manche Komforthäuser gesellen sich dazu, besonders auf den Nordfriesischen Inseln. Mit Recht ist die Brandgefahr durch Blitzschlag höher als bei den frühsommerlichen Gewittern im Binnenland. Die höhere Gefahr hat eine physikalische Berechtigung. Die elektrische Raumladung der Nachtgewitter liegt etwa in der Höhe der Nullgradgrenze. Dort ist der Wolkenaufbau im Spätsommer aktiv, im Frühsommer ist der Wolkenaufbau in den unteren Gewitterwolken aktiv. Wie schon angedeutet, wird der Wolkenaufbau durch Strahlung begünstigt. Im Frühsommer ist es die Tageseinstrahlung, im Spätsommer ist es die hohe nächtliche Strahlung nach außen, also Abkühlung oben. Die elektrische Raumladung oben ist überwiegend eine positive elektrische Ladung.

In solchen Hochgewittern kommt es vornehmlich zu Blitzen zwischen den Wolken unterschiedlicher Raumladung. Blitze zur Erde sind wegen des großen Höhenabstandes zur Erde selten. Aber wenn Blitze aus hohen Wolken mit positiver elektrischer Ladung zur Erde durchschlagen, haben sie eine mehrfache elektrische Stärke als Blitze negativer Ladung aus niedrigen Gewitterwolken.

Dies ist an verschiedenen Küsten der Welt beobachtet worden. Gerade die Amerikaner haben an ihrer Golf- und Floridaküste entsprechende Messungen vornehmen können. Positive Ladungsblitze liefern eine Stromstärke von 60 bis 100 kAmp.

So ist denn die zündende Wirkung solcher Nachtblitze höher als die der Tagesblitze frühsommerlicher Gewitter. Mit Recht haben sich die Marschenbauern seit alten Zeiten der Eschen und Eichen als Blitzableiter um ihr Gehöft herum bedient. Schon die Indianer in den Urwäldern Südamerikas erkannten, daß Blitze hohe Bäume mit rauher Schale bevorzugen. Wenn sie die Auswahl haben, sollten die Menschen im Freien einem Gewitter ausgesetzt sein, ist es besser, unter einem Baum mit glatter Rinde Schutz zu suchen als unter einem Baum mit rauher Rinde. Dies entspricht unserem erlernten Verhalten

... und die Buchen sollst du suchen, von den Eichen sollst du weichen ...
Vielleicht ist dabei auch die Laubkrone der Bäume beteiligt. Die Buche läßt weniger Regenwasser ihren Stamm herunterfließen, als das beim gefiederten Blattwerk von Esche und Eiche der Fall ist. In ihrer rauhen Rinde bildet das Regenwasser Rinnsale humöser Säure, welche dem Blitz gute elektrische Leiter sein mögen.

Daß Schiffe nicht wie Autos oder Flugzeuge Faradaysche Käfige sind, ist Küstenbewohnern und Seefahrern wohlbekannt. Blitzeinschläge auf Schiffe, auch auf Segelschiffe mit ihren hohen Masten, sind bei Seegewittern nicht ungewöhnlich. Im gleichen Erfahrungskreis liegt die Erkenntnis, daß man bei Gewitter nicht baden sollte. Der menschliche Körper ist noch ein besserer elektrischer Leiter – sauer reagierend – als das Seewasser – basisch reagierend.

Drei charakteristische Wetterlagen

Um charakteristische Wetterlagen an unseren Küsten vorzustellen, sind nachfolgend drei Wetterkarten beigefügt, die diese Lagen kennzeichnen. Die dominante Windrichtung im Sommerhalbjahr ist der Westsüdwestwind. Er weht parallel zu den West- und Ostfriesischen Inseln und bekommt deswegen, wie in einem späteren Abschnitt gezeigt wird, eine besondere Bedeutung, weil er damit auch zum Nord-Ostsee-Kanal in Schleswig-Holstein parallel läuft.

Die erste Karte, die die Luftdruckverteilung zu solchem Wettertyp wiedergibt, ist der Wettertermin vom 27. 6. 87, 12 Uhr Weltzeit. Man erkennt, daß Nordeuropa in schlechterem Wetter ist als Süddeutschland und das Alpengebiet, was im Sommer nicht selten der Fall ist (Seite 24).

Die zweite Wetterkarte zeigt eine charakteristische Luftdruckverteilung für Herbststürme entlang der deutschen Küsten. Das Zentrum des Sturmtiefs vor Südnorwegen hat einen niedrigeren Luftdruckwert als das Zentrum der sommerlichen Tiefdruckgebiete. 1013 hPa (Hektopascal) ist übrigens im globalen Mittel der Normalluftdruck auf Meeresniveau. Die Linien gleichen Luftdrucks (Isobaren) auf den Wetterkarten beziehen sich immer auf NN (Höhe Normalnull). Die Bedeutung der Zeichen in dieser und der folgenden Wetterkarte gilt, soweit anwendbar, auch für die erste Wetterkarte.

Diese zweite Wetterkarte verdeutlicht, wie bei Sturmwetterlagen die Temperaturgegensätzlichkeit zwischen Nord- und Südeuropa Einfluß hat. Am Main treten im frühen Frühling bereits + 15 Grad C auf, während nordwestlich von Schottland das Thermometer noch unter den Gefrierpunkt (für Süßwasser) fällt (Seite 25).

Die Bilder auf Seite 28 bis 30 liefern anschauliche Beispiele über die Wirkung der Stürme über See und an der Küste, auf eine andere Art auch das Bild auf Seite 29. Leider sind richtige ruhige warme Sommertage mit ihrer intensiven Sonneneinstrahlung nicht zu häufig an unseren Küsten. Manche Leute erinnern sich noch an solche lang anhaltenden Sommertage wie 1975, 1976 und 1992 (Bild Seite 27).

Die dritte Wetterkarte zeigt die Luftdruckverteilung, welche Voraussetzung für Sommer mit vorherrschendem Ostwind ist (Seite 26).

Unsere Küsten kommen in einen solchen Sommergenuß, wenn das sommerbestimmende Hochdruckgebiet nicht über den Alpen und dem nördlichen Mittelmeer liegt, sondern ausnahmsweise mal über Südskandinavien. Solche Hochdruckwetterlagen sind hier viel häufiger bei strengen Wintern. Die Luftdruckverteilung der dritten Wetterkarte ist ein kontinentales Wettermerkmal, weil sie einen Ostwind über unseren Meeren erzwingt. Dieser transportiert trockene Kontinentalluft zu uns. Die ist im Winter extrem kalt, dafür aber im Sommer südländisch warm.

Ein Wolkenbild, wie es sich im Übergang vom schlechten zum guten Wetter gern zeigt

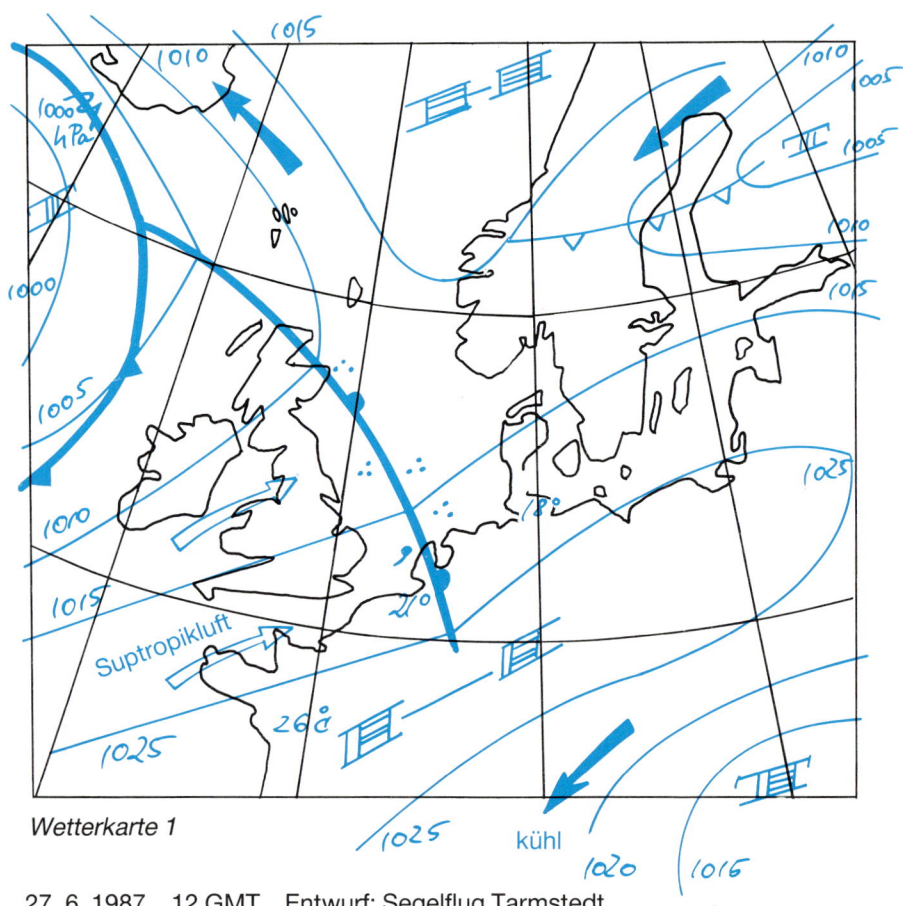

Wetterkarte 1

27. 6. 1987   12 GMT   Entwurf: Segelflug Tarmstedt

Bei uns übliche Sommerlage und Sommer-Windrichtung

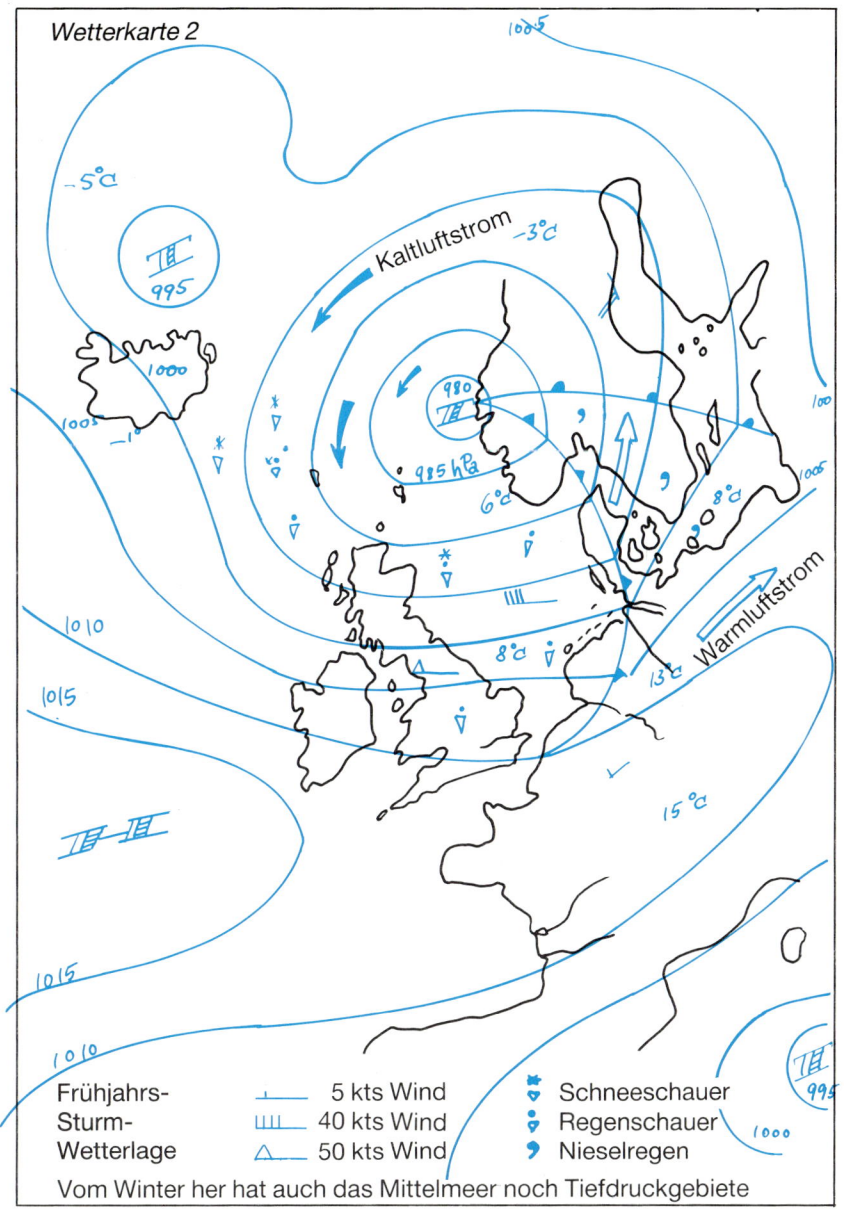

Wetterkarte 2

1005

−5°C

Kaltluftstrom

−3°C

TE 995

1000

1005

980 TE

985 hPa

6°C

100

1005

8°C

Warmluftstrom

1010

1015

8°C

13°C

15°C

1015

TE — TE

1010

TE 995

1000

Frühjahrs-	⊥— 5 kts Wind	Schneeschauer
Sturm-	⊔⊔⊔— 40 kts Wind	Regenschauer
Wetterlage	△— 50 kts Wind	Nieselregen

Vom Winter her hat auch das Mittelmeer noch Tiefdruckgebiete

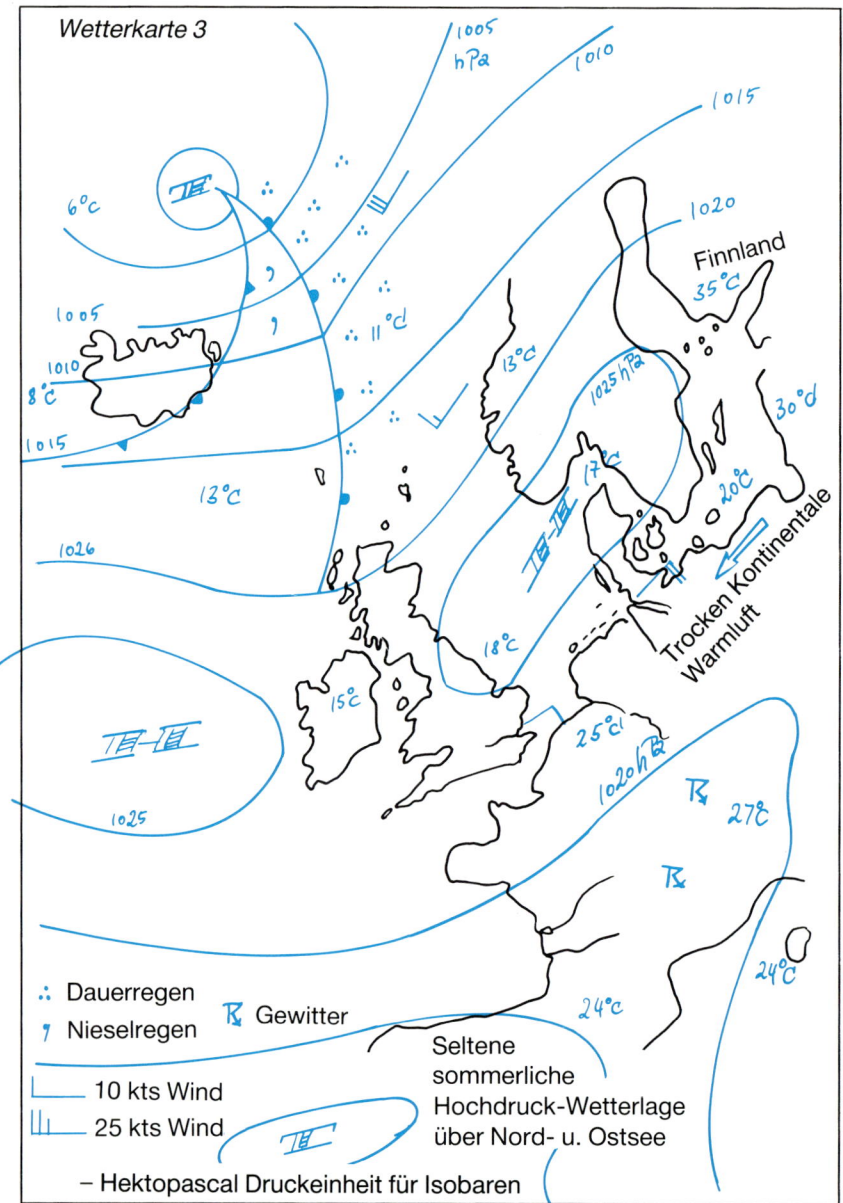

Wetterkarte 3

1005 hPa
1010
1015
1020
6°c
1005
1010
8°C
1015
13°C
11°d
13°c
1025 hPa
17
20°C
Finnland
35°C
30°d
Trocken Kontinentale
Warmluft
1026
TE–TE
1025
18°C
15°C
25°d
1020 hPa
R 27°
R
24°C
24°c

.: Dauerregen   R Gewitter

⌐ Nieselregen

└— 10 kts Wind

Ш— 25 kts Wind   TE

Seltene
sommerliche
Hochdruck-Wetterlage
über Nord- u. Ostsee

– Hektopascal Druckeinheit für Isobaren

Sommerliche Haufenwolken

Schwere See

Die See bricht sich an der Küste von Sylt

Der Februarorkan 1976 riß die Strandmauer an der Elbe ein

Markierung der Fluthöhen an der Strandmauer

Die Wirkung der Dynamik des Wassers zeigt der Strandabbruch, der sich mit jedem neuen Sturm immer weiter in die Insel verliert

Besonderheiten des Meerwassers

Im Küstenwetter haben wir das Wetter der Nordsee bevorzugt betrachtet, weil es viele Merkmale des offenen Ozeans wiedergibt. Die Ostsee ist dagegen ein von der Nordsee in Physik und Chemie verschiedenes Meer. Geographisch wird die Nordsee als Randmeer, die Ostsee als Nebenmeer bezeichnet. Der Bodensee ist natürlich ein Binnenmeer, somit ist er *der* See und nicht *die* See.

Die Nordsee hat ihre Physik und ihre Chemie vom Weltmeer. Sie hat denselben Salzgehalt wie der Nordatlantik. Hierfür sorgen die großen Wasserbewegungen, welche den Austausch zwischen dem Atlantik und der Nordsee unterhalten. Dabei wird die flache Nordsee durchgespült und erhält auf diese Weise einen Selbstreinigungsmechanismus.

Nebenmeere wie die Ostsee werden dagegen wesentlich von den Wasserzufuhren der umgebenden Landmassen beeinflußt. Das erkennt man im Vergleich mit dem anderen großen südeuropäischen Nebenmeer, dem Mittelmeer.

Die Ostsee bekommt von den in sie hineinmündenden Flüssen und durch direkten Regen mehr Süßwasser als Nordseewasser, das mühselig durch die engen dänischen Wasserstraßen in die Ostsee eindringen kann.

Das Mittelmeer dagegen grenzt an die großen Wüsten Afrikas und Kleinasiens. Bei seiner geographisch äquatornahen Lage ist seine Mitteltemperatur um mehr als 10 Grad C höher als die der Ostsee. So verdunstet auch das Mittelmeer vergleichsweise mehr Wasser, als es an Süßwasserzufuhr durch Flüsse erhält. Somit hat das Mittelmeer einen höheren Salzgehalt als der Atlantik, die Ostsee aber einen sehr viel kleineren, der mit wachsendem Abstand von der Nordsee nach Osten fortlaufend absinkt.

Nordseewasser, welches vor allem bei Weststürmen in die Ostsee eindringt, ist so schwer, daß es in den Ostseebecken als Tiefenwasser vorkommt. Man mißt daher in der Ostsee ein Salzgehaltsgefälle von der Tiefe zur Oberfläche.

Über die Untiefen der Ostsee bei Rügen und bei Bornholm dringt das Nordseewasser in der Tiefe nur spärlich weiter nach Osten vor. Es bedarf anhaltender Weststürme, um das sauerstoffverarmende Tiefenwasser der Ostsee mit frischem Wasser zu ergänzen.

Davon ist auch der Fischbestand der Ostsee abhängig. Für die Fischerei haben Stürme den großen Vorteil, daß sie das tiefere Wasser mit Sauerstoff anreichern und damit den Fischbestand von Zeit zu Zeit erneuern. An der schleswig-holsteinischen Ostküste ist der Oberflächen-Salzgehalt der Ostsee bei Flensburg 15 pro mille (pro mille abgekürzt: ‰), im Süden bei Lübeck 12 ‰.

Vergleichsweise hat die Nordsee denselben Salzgehalt wie der offene Atlantik, nämlich 35 ‰ oder 3,5 %. Bei dem geringen Salzgehalt der Ostsee liegt der Gefrierpunkt des Ostseewassers nur wenig unter dem für Süßwasser (– 0,8 Grad C). Der Punkt maximaler Wasserdichte liegt wie bei Süßwasser noch über dem Gefrierpunkt (+ 0,8 Grad C). Damit gefriert Ostseewasser noch wie gewöhnliches Wasser von oben. Beim Weltmeer wird dies wesentlich anders.

Die nebenstehende Graphik zeigt das Verhältnis von Gefrierpunkt und Verlauf maximaler Wasserdichte in Abhängigkeit von Temperatur und Salzgehalt an. Die besonderen Meerescharakteristika sind mit Marken gekennzeichnet.

Beim Wasser des Weltmeers liegt der Punkt maximaler Wasserdichte unter dem des Gefrierpunkts. Das Seewasser könnte auch von unten gefrieren, denn das schwerere Wasser sinkt ab, je mehr es sich seinem Gefrierpunkt nähert.

Die nebenstehende Graphik zeigt, daß zunächst mal am linken Rand, wo der Salzgehalt für Null markiert ist, die Temperatur maximaler Wasserdichte bei + 4 Grad C liegt, aber der Punkt des Gefrierens bei 0 Grad C definitionsgemäß. Wenn Süßwasser demnach kälter als + 4 Grad C wird, so wird es wieder leichter und schwimmt oben. Wenn es sich dann auf 0 Grad C abgekühlt hat, bleibt die Eisschicht über dem Wasser.

Seewasser jedoch muß in die Tiefe sinken, je weiter es sich seinem Gefrierpunkt annähert. Die Graphik zeigt uns, daß bei 35 ‰ Salzgehalt der Gefrierpunkt etwa bei – 1,8 Grad C liegt, während der Punkt maximaler Wasserdichte auf gut – 3 Grad C heruntergerutscht ist. Sinkt aber das Seewasser bei zunehmender Abkühlung in die Tiefe, so wird es natürlich dennoch nicht gefrieren. Der Gefrierpunkt ist auch noch wesentlich vom Druck abhängig. Bekanntlich nimmt der Wasserdruck mit der Tiefe so gut wie linear zu, d. h. für je 10 m Wassertiefe wächst der Wasserdruck um 1 Atmosphäre an.

Von dem Effekt der Gefrierpunktserniedrigung bei steigendem Druck auf Eis oder Wasser können wir uns im täglichen Leben überzeugen. Wintersport lebt von diesem Effekt.

Das Gewicht des Menschen erzeugt so viel Druck auf den betretenen Schnee oder das Eis, daß dieses feste Wasser unter seinen Sohlen schmilzt und zwischen Menschen und Unterlage einen dünnen Wasserfilm schafft, der die Glätte bei Eis und Schnee herbeiführt. Für Kufen von Schlitten und Schlittschuhen gilt der Effekt in besonderem Maße, denn das Gewicht wird auf eine schmale Unterlage zusammengefaßt. Interessant ist, wenn die Schneedecke gegen die – 7-Grad-C-Marke kalt wird, reicht das Gewicht des Menschen nicht mehr aus, den Schnee unter sich zum Tauen zu bringen. Der Schnee wird stumpf. Er knirscht unter den Füßen und meldet so, daß die Temperatur unter den kritischen Glättewert gefallen ist.

Wenden wir die Graphik auf das Ostseewasser an, so betrachten wir natürlich Punkte weiter links auf der Graphik als im Falle des Weltmeers. Oben

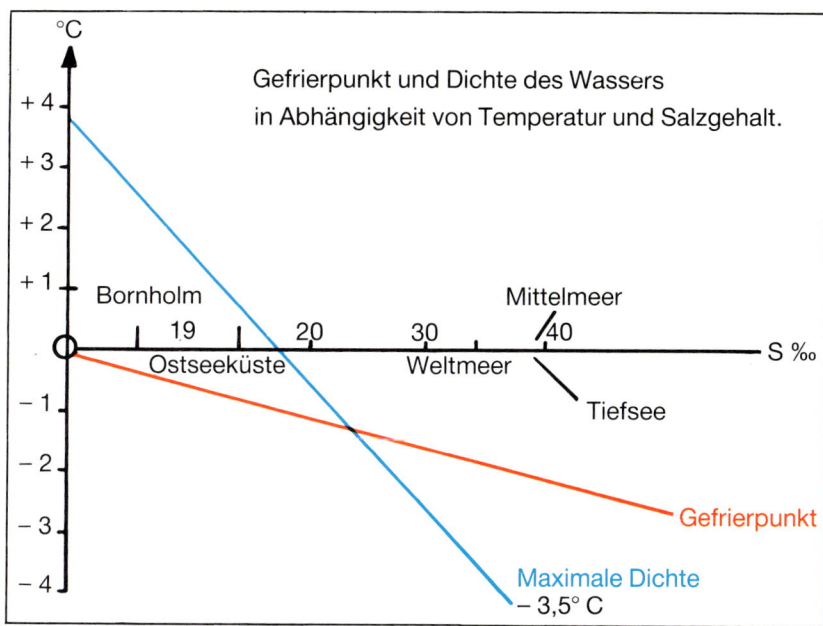

Wasserdichte und Gefrierpunkt

wurden für die Flensburger Förde bereits die Marken bezeichnet: + 0,8 der Punkt maximaler Wasserdichte, – 0,8 Grad C der Gefrierpunkt. Für die Förde gilt die Ausschichtung gefrierenden Wassers noch annähernd wie für Süßwasser, was dann für die übrigen Ostsee-Wasserkörper umso mehr zutrifft. Das Eis des offenen Ozeans wird an der Oberfläche nur durch Anlagerung an schwimmendes Alteis oder an sonstigen festen Gegenständen an der Oberfläche gebildet.

Aber mit der Alteisentwicklung haben wir gleich wieder ein bemerkenswertes, auch in der Technik ausgenutztes Phänomen. Wenn See-Eis gebildet wird, tritt dabei die selektive Auskristallisation auf. Das See-Eis friert nicht als geschlossenes Feld, sondern schließt Cavernen in sich ein. In diese Cavernen sind beim Gefriervorgang die Salzmoleküle geflüchtet und haben dadurch natürlich den Salzgehalt der Cavernen angereichert, zugleich aber das frierende Eis ausgesüßt. Die Cavernen werden enger und enger, der Salzgehalt immer größer, aber die Salzsole in den Cavernen gefriert nicht, sondern wandert kraft ihres größeren spezifischen Gewichts allmählich an die

33

Untergrenze der Eisdecke und tropft in das Tiefenwasser hinunter. Sie hinterläßt eine poröse Eisdecke, auf der man schon nach wenigen Tagen nicht mehr Schlittschuh laufen kann, weil der Schlittschuh in das poröse Eis einschneidet.

Führt man das Oberflächeneis, das fast wie verharschter Schnee aussieht, zum Munde, so bemerkt man, daß es nicht mehr salzig schmeckt. Es ist eben ausgesüßt und hat dadurch ein deutlich geringeres Gewicht als das Seewasser darunter bekommen. Es hat in diesem Zustand natürlich keine Mühe, obenauf zu schwimmen.

Die Technik hat sich gern des Effekts der selektiven Auskristallisation bedient, weil es energetisch viel weniger aufwendig ist, aus Seewasser Süßwasser herzustellen, als über die Destillation. So bedienen sich auch Seeschiffe dieser Methode, um auf offener See zu Süßwasser zu gelangen.

Nun aber zurück zur Nordseeküste. Im Winter herrscht dort nicht selten Südostwind, das umso mehr, je strenger der Winter geworden ist. Der Südostwind bläst die Watten wasserarm. Das Wattenwasser wird vornehmlich im Winter von dem Süßwasser der Flüsse überlagert. Man erinnere sich an die Ausführung oben. Süßwasser wird zwischen + 4 Grad C und 0 Grad C immer leichter, Seewasser nicht.

Dabei muß man bedenken, daß die allgemeine Meeresströmung der Nordsee im zyklonalen Sinne, wie bei allen Meeresbecken der Nordhalbkugel, verläuft. Zyklonal, also wie bei einem Tiefdruckgebiet, eine Strömung linksherum, entgegengesetzt dem Uhrzeigersinn.

Dies bedeutet, daß Atlantikwasser, welches nördlich von Schottland in die Nordsee geführt wird, entlang der Ostküste Englands südwärts strömt und nach Zufuhr weiteren Atlantikwassers aus dem Englischen Kanal nach Osten umbiegt. Es fließt dann entlang der holländischen und ostfriesischen Küste und nimmt dabei alles Süßwasser der großen Ströme wie Rhein, Ems, Weser und Elbe auf. Entlang der Westküste Schleswig-Holsteins strömt es so ausgesüßt nordwärts. Das ist im Winter, wie eben ausgeführt, deutlicher wegen der Dichteeigenheiten unterschiedlich salzigen Wassers zu erkennen.

Darum bildet sich im Winter bei Südostwind nach einer Reihe von Frosttagen über den Watten Eis wie bei Süßwasser und türmt sich zwischen Halligen und Festland auf. Während die gegenüber der Nordsee viel süßere Ostsee noch nicht an Festeisbildung denkt, schon deswegen nicht, weil der Südostwind an Holsteins Ostküste auflandig ist und milderes Wasser der offenen Ostsee gegen die Küste treibt, hat also bei den Halligen sich schon eine polare Eislandschaft aufgetürmt.

Die östliche Ostsee ist natürlich klimatisch sehr viel mehr vom kontinentalen Hinterland beeinflußt. Dort wird nahezu jeder Winter extrem kalt. Deswegen gibt das Bundesamt für Seeschiffahrt und Hydrographie (BSH) in Hamburg in jedem Winter Eiskarten heraus, auf denen man den Fortschritt der Eisbildung

Bilder von der Niederelbe. Das Treibeis verdichtet sich zu Packeis und setzt sich an den Ufern fest

von der östlichen Ostsee aus im Ablauf des Winters verfolgen kann, eine wichtige Information natürlich für den dortigen Schiffsverkehr.

In langen, strengen Wintern wächst das Eis natürlich auch bis zur schleswig-holsteinischen Ostküste und zu den dänischen Inseln. Der Winter 1928/29 ist bei alten Leuten als einer der strengsten Winter Europas in unserem Jahrhundert in deutlicher Erinnerung. Selbst das Kattegat war zwischen Jütland und Südschweden zugefroren.

Wetter an der See

a. Winter

Die Wetterbedingungen der beiden Meere sind, wie aus den bisherigen Ausführungen schon deutlich hervorgeht, entsprechend ihrer geographischen Zusammenhänge ganz verschieden. Im Sommer ist die Verschiedenheit nicht so hervorstechend, wie sie im Winter ist. Die Festeisbildung der östlichen Ostsee entspricht ganz ihrer durch und durch kontinentalen Nachbarschaft. Wenn die östliche Ostsee erst einmal Festeis gebildet hat, wird ihre Eisoberfläche sich genau wie festes Land verhalten. Sie bekommt eine kalte Schneeauflage. Diese Entwicklung im Winter auf der Ostsee drückt die Kontinentalität Nordosteuropas immer weiter westwärts.

Stellen wir mal das Wetter der nördlichen Nordsee diesem Witterungscharakter gegenüber. Wie anfangs gezeigt, sind die Wintermonate in Schottland die häufigsten Gewittermonate, ganz so, als wäre es Sommer im Binnenland. Der offene Atlantik hat Quellbewölkung erst während der Wintermonate. Im Winter ist das dortige Seewasser immer wärmer als die einbrechende winterliche Polarluft. Das Seewasser dort wird bekanntlich durch den warmen Golfstrom gespeist.

Auch bei rauhen, kalten Wintern auf dem mitteleuropäischen Festland sorgt der Zusammenhang mit dem Weltmeer dafür, daß die mittlere Wassertemperatur der nördlichen Nordsee nicht unter + 7 Grad C fällt. Die südliche Nordsee hält auf dem offenen Wasser unbeschadet der Wetterverhältnisse eine mittlere Wassertemperatur von + 4 Grad C in dieser Jahreszeit. Es ist daher verständlich, daß für unser Küstengebiet im Winter ein anhaltender Nordwestwind zum Tauwetterbringer wird, dagegen der Südostwind der kälteste Winterwind ist, denn Ostwind würde ein wenig mildere Temperaturen von der Ostsee mitbringen, solange die Ostsee noch nicht zugefroren ist. Dabei fällt auf, daß der Ostwind, wenn die Temperatur nahe dem Gefrierpunkt liegt, nachts sogar ein wenig wärmer wird als bei Tage. Die dänischen Wissenschaftler führen dieses Phänomen darauf zurück, daß beim Frieren des Ostseewassers nachts Schmelzwärme von der dortigen Wasseroberfläche abgegeben wird. Wir wissen ja, daß auch Gärtner ihre Frühkulturen dadurch schützen, daß sie abends Wasser über die Kulturen laufen lassen, wenn es in der Nacht im Frühjahr noch Spätfröste gibt. Beim Übergang von Wasser zu Eis wird Wärme frei. (Für jedes Liter gefrierenden Wassers übrigens 80 kcal.)

Der Winter 1991/92 zeigte markant den Wärmeeffekt an unseren Küsten bei vorherrschendem Nordwestwind. So gab es an unseren Küsten einen deutlich milderen Winter als in Süddeutschland und in den Alpen. Die konnten den Winter gut für die Winterolympiade gebrauchen. Ausnahmsweise kam

der Frühling in dem Jahr an unseren Küsten dadurch früher als im Voralpengebiet, obwohl es sonst meistens umgekehrt ist.
Im Sommer ist der Nordwestwind bei uns natürlich der kälteste und wetterunfreundlichste Wind. Weil sich in unteren atmosphärischen Schichten aus Gründen des stabilen Gleichgewichts kalte Luft unter warme schiebt, ergibt sich im Winter gern ein kalter Südostwind bei uns und im Sommer ein kalter Nordwestwind.
Bei kräftigen Tiefdruckgebieten mit schweren Stürmen, wie sie die zweite oben ausgebreitete Wetterkarte als Musterbeispiel zeigt, dringen im Winter die atlantischen Gewitter von Schottland über die Nordsee bis an unsere Küsten vor. Dann treten sie auch bei uns vorzugsweise nachts auf. Man kann daher umgekehrt schließen:
Sowie bei uns an den Küsten Wintergewitter beobachtet werden, muß es über Schottland und der Nordsee zu schweren Stürmen gekommen sein. Die schweren Stürme machen die Transportzeit der Luft von Schottland zu uns so kurz, daß das atlantische Wetter in seinem Charakter noch keine Zeit hatte, sich entsprechend der kühleren Unterlage zu verändern.
Weil noch nicht gesagt, soll hier nachgeholt werden: Die Trennlinie zwischen der nördlichen und der südlichen Nordsee ist der 55. geographische Breitenkreis. Was bis hierher ausgeführt wurde, läßt die nachfolgende Feststellung schon erahnen.
Unbeschadet der Jahreszeit nämlich alternieren die Wetterverhältnisse zwischen Nord- und Süddeutschland. Das soll heißen: Wenn Norddeutschland eine gute Wetterperiode hat, so ist das Wetter über Süddeutschland und den Alpen schlecht.
Wenn die Alpenvölker dagegen gute Wetterperioden haben, ist das Wetter über Norddeutschland schlecht. Man kann das schon beim Vergleich der beiden letzten Wetterkarten erkennen. In der zweiten Wetterkarte liegt ein Keil hohen Luftdrucks über den Alpen.
In der dritten Wetterkarte liegt ein Hoch über Skandinavien. Der Hochdruckkeil über den Alpen stammt von dem vielgelobten Azorenhoch. Die Hochdruckbrücke über Skandinavien ist mehr für den Winter bezeichnend, also ein Appendix des polaren Hochs. Gute Sommer der Küste werden von dieser Hochdruckbrücke aufgebaut. Zugleich ist dann der Keil des Azorenhochs schwach entwickelt. Vielmehr wandern Tiefdruckgebiete dann an den Nordküsten des Mittelmeers entlang, die auch die Alpen beeinflussen. Die Wetterlage im Mai/Juni 1992 war hierfür charakteristisch. Im Winter regnet es über Südeuropa viel. Es ist der Etesienregen, der die Subtropen mit immergrünen Pflanzen ausstattet.
Weil unsere Meere mit ihrer Temperatur der Jahreszeit nachhinken, findet das winterliche Temperaturminimum hier auch nicht im Hochwinter statt, sondern im ausgehenden Winter. Man darf doch auch nicht vergessen, daß

am Nordpol die Sonne erst am 21. März wieder aufgeht, nachdem sie ein halbes Winterhalbjahr dort unter dem Horizont verschwunden war. Wenn man sich also fragt, wann stellt sich bei sternklarer Nacht das Temperaturminimum der Nacht ein, so findet man dies am Morgen kurz vor Sonnenaufgang, denn die ganze Nacht über konnte die abkühlende Ausstrahlung allein wirksam sein.

Am Nordpol ist die Winternacht erst am 21. März zu Ende. So wird das Temperaturminimum dort erst mit kalendermäßigem Frühlingsbeginn erreicht. Es ist also kein Wunder, wenn es im Frühjahr bei uns zu Spätfrösten bei Nordwinden kommt, die dann auch noch durch eine kalte See begünstigt werden. Nehmen wir die Mitteltemperaturen für List in den Wintermonaten heraus: Dezember + 3 Grad C, Januar + 0,8 Grad C und Februar + 0,4 Grad C. Binnenwärts ist der Februar überall schon etwas wärmer als der Januar.

b. Frühjahr

Wir wiederholen aus Einsicht nun das anfängliche Statement:
Im maritimen Klima sind die Hauptjahreszeiten verkümmert, die Übergangsjahreszeiten vorherrschend. In der Medizin würde man das eine rudimentär und das andere dominant nennen. Im kontinentalen Klima sind die Hauptjahreszeiten dominant und die Übergangsjahreszeiten rudimentär. Was Wunder, wenn in Schleswig-Holstein der bissige Spruch umläuft:
In diesem Jahr fiel der Sommer auf einem Mittwoch.
oder:
Wir haben 6 Tage Wind und einen Tag Sturm, und dann ist die Woche herum.
oder:
Man braucht bei uns keinen Regenschirm. Der Regen kommt nicht von oben, sondern von der Seite.
Trösten wir uns. Unser Frühling als dominante Übergangzeit ist lang, manchmal zögerlich beginnend wegen der noch kalten See. Wir können uns aller schönen Frühlingsblumen im Garten erfreuen. Das blühende Alte Land hat in Deutschland den größten geschlossenen Obstanbau. Eine Idylle dieses Gartens an der Niederelbe vermittelt umseitiges Bild.
Auch die Engländer, ganz dem Meeresklima verbunden, sind Meister des Gartenbaus.
Ein kontinentales Klima hat einen viel zu kurzen Frühling, um solche Schönheiten der Natur ausreichend lange in Frühlingswochen zu präsentieren. Frühlingsblüte kommt und geht dort beinahe explosiv. Versetzen wir uns einmal in den Osten Kanadas. Wegen vorherrschender Westwinde wird dort das Klima vom geschlossenen Kontinent als dem westlichen Hinterland bestimmt. Ende Mai dauert dort der Frühling gerade eine Woche. In der Vor-

woche war es noch recht winterlich. Das Thermometer stieg selbst bei Tage kaum an Null Grad. In der Folgewoche fällt es selbst nachts kaum noch unter + 20 Grad C.

Im maritimen Klima gibt es nur ein meteorologisches Element, das zu Extremen kommt. Das ist der Wind. Alle anderen Elemente wie Temperatur, Gewitter, Nebel sind im Vergleich zu ihrem extremen Auftreten im kontinentalen Klima moderat.

Frühling im Alten Land

40

Stürme

Auf unsere zweite Wetterkarte wurde schon wiederholt verwiesen. Stürme entwickeln sich bei uns in den Monaten Oktober und Februar. Das sind die Monate, welche die größten Temperaturgegensätze zwischen Süd- und Nordeuropa bringen können. Temperaturgegensätze sind die Auslöser für Sturm-Wetterlagen.

Bricht im Oktober schon früh Kaltluft aus dem Polarmeer über die Norwegische See nach Süden aus, während es in Frankreich noch verhältnismäßig warm ist, so steilt sich der Temperaturgegensatz bis zu 15 Grad C über eine Distanz von kaum 1000 Seemeilen auf, was schon ein sturmbegünstigender Gegensatz ist.

Ähnliche Gegensätze gibt es im Februar. Dann ist zwar der Nordwesten Europas noch winterlich kalt. Über Frankreich können aber bereits mediterrane Warmlufttransporte eingeleitet werden.

Der 16. 2. 1962 wird manchem Küstenbewohner noch Erinnerung wecken, als eine Flutwelle die Elbe herauf bis Hamburg kam und dort zu einer Katastrophe führte. In den 30er Jahren unseres Jahrhunderts waren Oktoberstürme dominanter. Beinahe konnte man sich auf den 18. Oktober diesbezüglich verlassen.

Nordseestürme sind für den Wasseraustausch und den Fischreichtum der Ostsee wichtig. Während solcher Stürme wird das Nordseewasser übernormal in die Ostsee gedrückt. Das Nordseewasser erneuert dann das Tiefenwasser der Ostsee, das sonst schnell sauerstoffverarmt.

In Abhängigkeit der Sturmhäufigkeit werden jährlich zwischen 20 und 200 Kubikkilometer salzreiches Wasser der Nordsee in die Ostsee geschafft. Im Austausch werden 1200 Kubikkilometer leichteres Ostseewasser durch das Kattegat an die Nordsee zurückgeführt. Davon sind 480 Kubikkilometer Flußwasser, die vor allem nach der Frühjahrs-Schneeschmelze in die Ostsee transportiert werden.

Ein friedliches Landschaftsbild, das in dieser Stimmung manchmal die Ruhe vor dem Sturm bedeutet

Nebel

Eine Besonderheit stellt an unseren Küsten natürlich der Nebel dar. Die See hat nämlich im Herbst, wenn das Wasser noch warm ist, kaum Nebel. Wenn aber gegen Weihnachten feuchtmilde Meeresluft bei schwachem West- oder Nordwestwind in das kühlere Binnenland befördert wird, breiten sich im Hinterland große Nebelfelder aus. Sie stauen sich vor den Nordhängen unserer Mittelgebirge an. Das brauchen nicht einmal bemerkenswerte Erhebungen zu sein. Selbst die kaum mehr als 100 m hohen Sanddünen der Lüneburger Heide oder der schleswig-holsteinische Mittelrücken genügen schon.

Flugplätze am Wasser sind für Flieger, die im Binnenland durch plötzliche Nebeleinbrüche keine Landemöglichkeiten mehr finden, im Herbst sichere Ausweichmöglichkeiten, so die Ost- und Nordfriesischen Inseln, auch Helgoland, im gewerblichen Luftverkehr Kopenhagen.

Dagegen sind für die Nordsee die Monate Mai und Juni die nebelhäufigsten und nebelreichsten Monate. Die westliche Ostsee hat die Nebelmonate schon etwas früher, März und April. Besucht man den Flughafen Hamburg um den 15. März herum, so wundert man sich, wieviel Flugzeuge der skandinavischen Fluggesellschaften den Flughafen aufgesucht haben. Vielmehr ist dies ein Indiz dafür, daß in Kopenhagen Nebel aufgetreten ist. Hamburg wurde als Ausweichhafen benutzt.

Der Nebel über See tritt also auf, wenn das Wasser noch winterkalt ist und die ersten warmen Winde von Mitteleuropa die dort angewärmte Luft zu den Meeren heraustreiben.

Bezeichnend dafür ist, daß solche Nebel gar nicht an ein windschwaches Wetter gebunden sind, sondern sogar bei stürmischem Wetter auftreten können. Zwischen Malmö und Kopenhagen bläst der Südsüdostwind bei solchen Nebellagen mit fast Sturmesstärke. Die Seenebel sind am Tage intensiver, nachts geringer. Das erkennt man auch an der Flugbedienung Hamburg–Helgoland an solchen Seenebeltagen. Passagiere vom Binnenland werden nach ihrer Ankunft in Hamburg erst einmal ins Quartier geschickt, um dann am nächsten Morgen schon früh den Flug nach Helgoland antreten zu können. Diese Taktik erweist sich deswegen als effektiv, weil der Nebel während der Nacht sich auf dem Seewasser niederschlägt, um bei auflebenden ablandigen Winden am Tage neu geformt zu werden. Umseitiges Bild zeigt typische Lichteffekte über See, wenn es statt zu Seenebel zu Hochnebelfeldern über dem Meer kommt. Solche Hochnebelfelder stehen nicht selten in Zusammenhang mit den riesigen Nebelfeldern des Nordatlantiks, die sich auch im Juni ausbreiten und dann mit nordwestlichen Winden auf die Nordsee driften. Charakteristisch ist auch ein anderer Ausbreitungsweg des Seenebels die Niederelbe herauf.

Hochnebelartige Schichtbewölkung im Frühsommer

Der eben angesprochene Nordwestwind dreht zurück auf Westnordwest, wodurch er gerade in die Elbmündung hineinsteht. Wenn das Land nachmittags abkühlt, werden Nebel- und Hochnebelfelder von See her nicht mehr binnenwärts aufgelöst. Unterstützt wird der Transport des Nebels elbeaufwärts, wenn sich nachmittags der Seewind durchsetzt. Der Seenebel marschiert in Minutenschnelle auf das Land, sowie die abendliche Abkühlung die Luft auch über Land bis an die Wassertemperatur abgekühlt hat. Auch für die Nordfriesischen Inseln wie Sylt ist der für die Niederelbe beschriebene Nebeleinbruch am Spätnachmittag charakteristisch.

Noch eine winterliche Form von Seenebel, nämlich Seerauch

See- und Landwind

Bezüglich der Ausbildung von See- und Landwind sollte deren Verhalten im Sommerablauf beachtet werden. Weil die See im Frühjahr und Frühsommer noch lange kalt ist, stellt sich nach ersten warmen Tagen des Landes der Seewind bei Tage früh und anhaltend ein. In den späteren Nachmittagsstunden erreicht er gut Windstärke 5, z. B. im Mai oder Juni. Die maximale Tageserwärmung des Landes liegt zwischen 14.30 und 16.30 Uhr, Sommerzeit gerechnet.

Die folgende Skizze gibt die Auslösung von Land-Seewind an. Nach einem Physiker des frühen 19. Jahrhunderts wird solche einfache atmosphärische Zirkulation auch die „Hadley"-Zirkulation genannt. Je weiter der Sommer fortschreitet, desto wärmer wird das Seewasser. Die Dauer und die Intensität des täglichen Seewindes vermindert sich entsprechend.

Die Dauer des nächtlichen Landwindes und des täglichen Seewindes sind also im Verlaufe eines Sommers nicht gleich. Im Hochsommer der kurzen Nächte überwiegt der Seewind. Der Landwind ist kaum am frühen Morgen zu spüren.

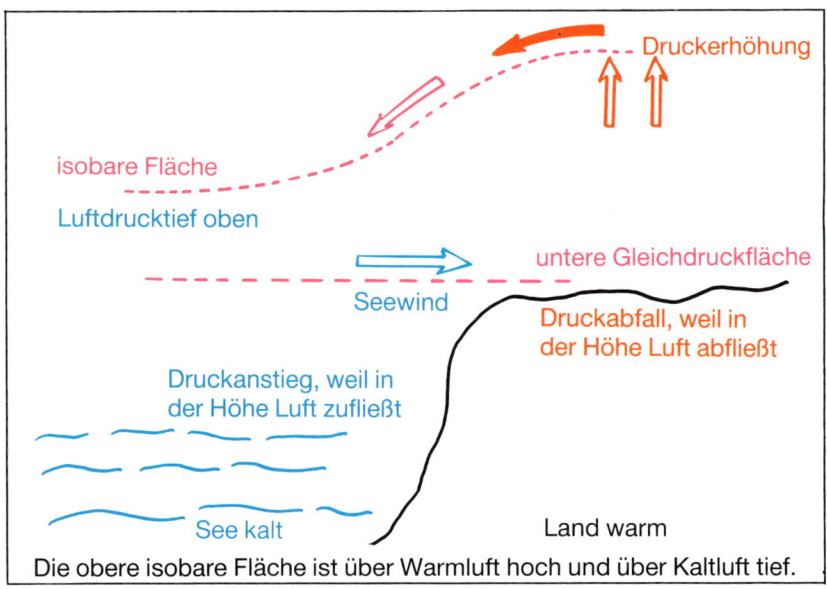

Die obere isobare Fläche ist über Warmluft hoch und über Kaltluft tief.

Land-Seewind-Zirkulation

Norwegische Föhnwolken über Schleswig-Holstein im Oktober

Besondere Lichteffekte des ersten Sonnenstrahls

47

Eiswolken in rund acht Kilometer Höhe spiegeln die Sonne zur sogenannten Obersonne

Wenn am Ende des Sommers die Nächte länger werden und das Land sich immer mehr abkühlt, bekommt der Landwind die Vorherrschaft. Der Oktober findet das Land kälter als die See. Selbst am Tage bleibt darum der Landwind erhalten. Bei reinem Nordwind im Oktober wird dadurch ein erstaunliches Phänomen unterstützt, daß nämlich der Föhn von den norwegischen Bergen bis nach Hamburg herunter über die ganze jütische Halbinsel hinweg beobachtet werden kann (siehe Seite 47 oben).

Die Wolkenbilder veranschaulichen, wie der Himmel dann über diesen föhnbeeinflußten Landstrichen aussieht.

Über den warmen Watten steht im Oktober auch bei Tage eine Quellwolkenstraße. So eine Wolkenform lieben die Segelflieger (siehe Seite 27).

Während im Sommer die Cumuluswolken über den Watten frühe Morgenerscheinungen sind, zeigen sie sich bei Oktoberlagen mit schwachem Nordwind auch bei Tage, weil es zu dieser Zeit keinen Seewind mehr gibt. Die Segelflieger können seewärts des Küstenstreifens die Thermik küstenparallel abfliegen. Die Darstellung hat gezeigt, daß es nicht nur *einen* Typ Sommerwetter oder Winterwetter gibt, sondern daß sich im Laufe der Jahreszeit die Auswirkung der Sonnenstrahlung auf die Wettergestaltung auswirkt. Wie beim Land-Seewind kann man nicht nur lapidar von einer Land-Seewind-Tageszirkulation sprechen, sondern muß auch deren Variation im Ablauf des Sommers beachten.

Manchmal hat man den Eindruck, daß bei ruhigem Wetter bestimmte Landschaftseinschnitte als Wetterscheiden wirken.

Wetterscheiden

In Schleswig-Holstein wird gern der Nord-Ostsee-Kanal als Wetterscheide angesehen. Besonders Autofahrer, die häufiger zwischen Hamburg und Dänemark hin- und herfahren, empfinden solchen Wetterumbruch, wenn sie die hohe Rendsburger Kanalbrücke überfahren haben. Ihre Beobachtung ist so abwegig nicht. Sie gilt für das Sommerhalbjahr betonter als für das Winterhalbjahr. Die Winterperiode hat nämlich häufiger synoptische Wetterlagen. Bei südlichen oder rein nördlichen Windrichtungen funktioniert der Kanal als Wetterscheide sowieso nicht.

Der Nord-Ostsee-Kanal ist selbst nur ein geographisches Merkmal für die Linienführung der west- und ostfriesischen Küste. Verlängert man auf einer Landkarte durch Anhalten eines Lineals an die Fluchtlinie der west- und ostfriesischen Küste diese Linie nach Osten hin, so erkennt man, daß sie gerade den Nord-Ostsee-Kanal überläuft.

Wenn der Wind parallel zu dieser Linie verläuft, was im Sommer in der Tat unsere Hauptwindrichtung ist, so ist südlich der Linie der Wind immer schon über Land gezogen.

Nördlich der Fluchtlinie tritt der Wind unmittelbar von der See nahe der Eidermündung auf Schleswig-Holstein über.

Im Sommer bringt somit der Wind südlich des Kanals landbeeinflußte Wettererscheinungen mit, nördlich des Kanals dagegen unmittelbar Seewetter.

Wie wir soeben festgestellt haben, wechselt das grundlegende Wetter aber im Laufe einer Jahreszeit. So wird auch die Charakteristik des Wetters südlich und nördlich des Nord-Ostsee-Kanals im Laufe des Sommers gegenläufig. Im Frühsommer trifft man südlich des Kanals am Tage vielfach Schauer an. Nördlich des Kanals ist es dagegen niederschlagsarm.

Im Spätsommer aber bleibt es südlich des Kanals häufiger trocken als nördlich des Kanals.

Im Winter bleibt der küstenparallele Wind aus. Der Kanal verliert sein Erkennungsmerkmal als Wetterscheide. Im Winter gibt es häufiger meridionale Winde, also entweder Südwind oder Nordwind.

Sollte die Ostsee sogar an der jütischen Ostküste Eisgang haben, dann setzt sich das maritime Merkmal der offenen See sowieso nicht weiter nach Osten durch.

Das Atlantikwetter brandet sozusagen vor Schleswig-Holsteins Westküste. Ozeanographen und Meteorologen betrachten dann die Westküste als Wetterscheide im Sinne einer „maritimen Brandungszone", die nach Süden über die ostfriesische Küste weiterverläuft parallel und zwischen den Flüssen Elbe und Weser. Wer im Winter auf der Autobahnstrecke Hamburg–Bremen–Osnabrück, der Hansastrecke, ins Rheinland fährt, begegnet besonders häufig Warnzeichen für Glatteis. Die Glatteisbildung ist an der maritimen

50

Brandungszone im Übergang von Frostwetter ostwärts der Zone und Tauwetter westlich der Zone.

Hier mag uns die Statistik ein wenig unterstützen: Wir vergleichen die winterlichen Temperaturminima von Januar und Februar folgender Stationen: Lübeck: – 2,5 Grad C, Bremen: – 1,0 Grad C und Essen – 0,9 Grad C. Über dem Rheinland liegt die Temperatur häufiger über dem Gefrierpunkt als in Mecklenburg-Vorpommern.

Literaturhinweise

Flohn, Hermann: Vom Regenmacher zum Wettersatelliten. Frankfurt 1974.

Fortak, Heinz: Meteorologie. 2. Aufl. Berlin 1982.

Keidel, Klaus: Wolkenbilder und Wettervorhersage. München 1980.

Meyers Kleines Lexikon Meteorologie, hrsg. u. bearb. von Meyers Lexikon-redaktion. Mannheim 1987.

Müller, Manfred: Handbuch ausgewählter Klimastationen. Universität Trier 1987.

Seewetter. Wetterkunde – Wetterpraxis für die Berufs- und Sportschiffahrt. 4. Aufl. Hamburg 1989.

Tanck, Hans-J.: Meteorologie, Wetterkunde, Wetteranzeichen, Wetterbeeinflussung. 2. Aufl. Reinbek 1985.

Walch, Dieter: Wetterkunde. Düsseldorf 1986.

Walch, Dieter / Neukamp, Ernst: Der große GU Ratgeber Wolken, Wetter. Wetterentwicklungen erkennen und vorhersagen. Mit Anleitungen für die eigene regionale Wetterprognose. 2. Aufl. München 1990.

Inhaltsverzeichnis

Grundsatz 5
Kalte See, trockenes Land 7
Landwirtschaft und Seeklima 15
Gewitter über See und an der Küste 18
Drei charakteristische Wetterlagen 22
Besonderheiten des Meerwassers 31
Wetter an der See
a. Winter 37
b. Frühjahr 39
Stürme 41
Nebel 43
See- und Landwind 46
Wetterscheiden 50

Literaturhinweise 53

In gleicher Ausstattung liegen vor:

In gleicher Ausstattung liegen vor:

Kurt-Dietmar Schmidtke,
Berge in Schleswig-Holstein
184 S., zahlr., teils farbige Abb., br.

Anschaulich und originell beschreibt der Verfasser die Entstehung 20 schleswig-holsteinischer Berge, ihre kulturgeschichtliche Bedeutung und landschaftlichen Schönheiten, kenntnisreich plaudert er über abenteuerliche Paßstraßen und Berge, die man anketten muß. Von Ost nach West geht die Reise, vom Wulfener Berg auf Fehmarn bis nach Sylt. Unterwegs finden sich Hinweise auf besondere Sehenswürdigkeiten, Museen, Waldlehrpfade und historische Ereignisse.

Walter Rühl,
Bodenschätze in Schleswig-Holstein
Von Salzkavernen, Heilquellen und Erdölfeldern
175 S., zahlr. Abb., br.

Zu den im nördlichsten Bundesland am häufigsten vorkommenden Bodenschätzen zählen Erdöl und Salz. In diesem mit zahlreichen Abbildungen, Karten und Skizzen ausgestatteten faktenreichen Band werden unter anderem die geologische Entwicklung und die Geschichte der schleswig-holsteinischen Erdölförderung, die 1856 bei Heide begann, beleuchtet sowie von den heutigen Aufgaben und Schwierigkeiten der Ölförderung berichtet, etwa auf der Bohrinsel „Mittelplate" in der Nordsee. Weitere Kapitel sind beispielsweise dem weltweit einzigartigen Ölkreide-Bergbau auf der Hölle und dem holsteinischen Pionier Ludwig Meyn aus Uetersen gewidmet.

HUSUM HUSUM DRUCK- UND VERLAGSGESELLSCHAFT Postfach 1480 · D-25804 Husum